献给孩子们的一份
无比珍贵的知识大礼包

神奇的声音

李建峰◎编绘

应急管理出版社
·北京·

小朋友，请安静。听一听，你的身边有什么声音？

这位小宝宝发出了“咯咯”的笑声。轻轻地摸一摸他的脖子，你会感觉到轻微的振动。

“笃笃笃……”妈妈在切菜的时候，案板会振动。

“丁零零……”清晨，闹钟响的时候，它本身也会振动。

笃笃笃……

“丁零零……”

铃铛响的时候，将手放上去，也会有振动的感觉。可见，任何物体要发出声音，都必须振动才行哦！

丁零零……

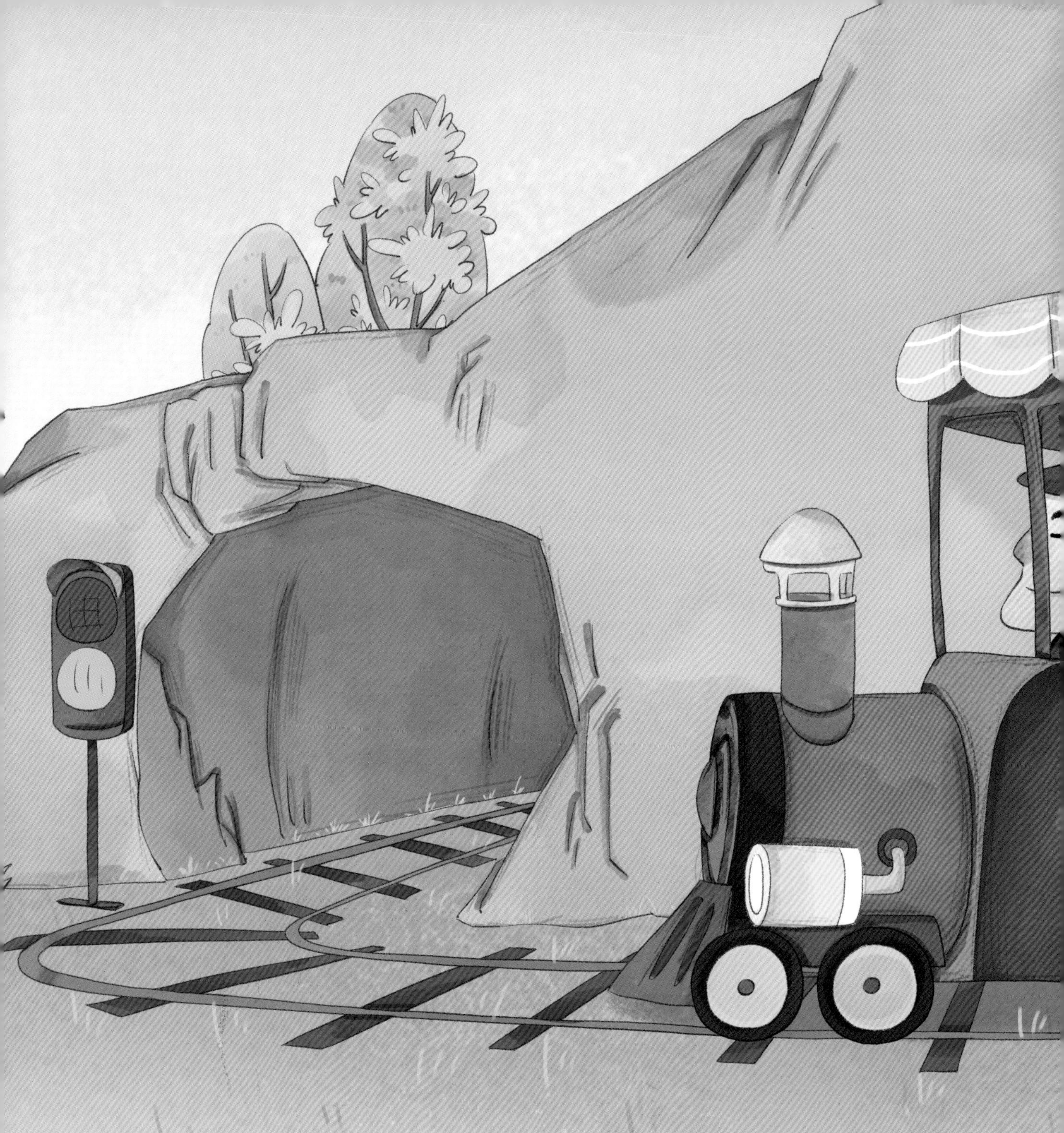

不仅家里有声音，游乐场里也充满了各种声音。

“轰隆隆……”小火车开动啦！

“哈哈哈……”一阵阵欢笑声传来。

听，街上有声音。

有汽车的轰鸣声、喇叭声，人们的交谈声、呼喊声，还有宠物的叫声。

声音不仅可以在空气中传播，还可以通过大地传播。猴子趴在地上，听到了大象的脚步声。

声音也可以在水中传播。鱼儿们能够听到水面上的声音呢！

연연……

小动物们通过听声音，就可以知道哪里有危险。

“吼吼……”老虎在咆哮。

“嗷呜……”狼群在嗥叫。

动物们发出的声音，也可以传递信号。

例如，同一种鸟儿，会发出不同的叫声。有的叫声是在提醒同伴：危险来临，快跑！而有的叫声则是在邀请同伴：要一起跳支舞吗？

在音乐会上，不同的乐器一起演奏，组成了美妙的旋律。

嘎嘎……
吱吱……

有时候，声音也可能是噪声。

工地里，传来了刺耳的切割声，难听极了！

夜深人静的时候，一阵“雷声”突然响起。原来是爷爷在打鼾！

“晚安了，爷爷。”小男孩说。

呼哈……

图书在版编目（CIP）数据

神奇的物理．神奇的声音/李建峰编绘．-- 北京：应急管理出版社，2024

ISBN 978-7-5020-9865-0

Ⅰ.①神…　Ⅱ.①李…　Ⅲ.①声学—儿童读物　Ⅳ.①O4-49

中国国家版本馆 CIP 数据核字(2023)第 183609 号

神奇的物理　神奇的声音

编　　绘　李建峰
责任编辑　孙　婷
封面设计　太阳雨工作室

出版发行　应急管理出版社（北京市朝阳区芍药居 35 号　100029）
电　　话　010-84657898（总编室）　010-84657880（读者服务部）
网　　址　www.cciph.com.cn
印　　刷　德富泰（唐山）印务有限公司
经　　销　全国新华书店

开　　本　889mm×1194mm 1/16　**印张**　10　**字数**　100 千字
版　　次　2024 年 1 月第 1 版　2024 年 1 月第 1 次印刷
社内编号　20210965　　**定价**　198.00 元（共五册）

了解神奇的物理知识
开启有趣的自主学习之旅